BEI GRIN MACHT SICH IHR WISSEN BEZAHLT

- Wir veröffentlichen Ihre Hausarbeit,
  Bachelor- und Masterarbeit

- Ihr eigenes eBook und Buch -
  weltweit in allen wichtigen Shops

- Verdienen Sie an jedem Verkauf

Jetzt bei www.GRIN.com hochladen
und kostenlos publizieren

Bibliografische Information der Deutschen Nationalbibliothek:

Die Deutsche Bibliothek verzeichnet diese Publikation in der Deutschen National-
bibliografie; detaillierte bibliografische Daten sind im Internet über http://dnb.d-
nb.de/ abrufbar.

Impressum:

Copyright © 2017 GRIN Verlag
Druck und Bindung: Books on Demand GmbH, Norderstedt Germany
ISBN: 9783668867628

Levin Bardehle

Wie verhält sich der Blutzuckerspiegel eines Menschen in Abhängigkeit der Ernährung während eines Ausdauertrainings?

GRIN Verlag

Facharbeit

Wie verhält sich der Blutzuckerspiegel eines Menschen in Abhängigkeit der Ernährung während eines Ausdauertrainings?

Levin Bardehle

Biologie Leistungskurs

Städtisches Stiftsgymnasium

Xanten

27.11.2017

Inhalt

0. <u>**Einleitung / Hinführung zum Thema**</u>

Seit mehreren Jahren bereits ist allgemein ein Fitnesswahn in der Bevölkerung zu verzeichnen. Insbesondere Fitness-Center sind in den letzten Jahren im Trend, dies gilt vor allem für junge Menschen. Allerdings liegt dieser Trend eher daran, dass die Jugendlichen bzw. jungen Erwachsenen ihren Körper formen wollen. Es geht ihnen primär um Muskelaufbau bzw. Muskeldefinition. Auch ich habe mich aus diesem Grund vor 1 ½ Jahren in einem Fitness-Center angemeldet, das ich seitdem regelmäßig besuche, um zu trainieren.

Damit die Ziele Muskelaufbau bzw. Muskeldefinition erreicht werden können, bieten viele Fitness-Center eiweißhaltige Getränke bzw. Nahrungsergänzungsmittel an. Auf dem Buchmarkt gibt es jährlich zahlreiche Neuerscheinungen zu einer ultimativen Ernährung für Sportler, sei es für den Muskelaufbau oder für die Steigerung der Ausdauerleistung. Beides ist mir auch persönlich wichtig. Mein wöchentliches Training in einem Fitness-Center nutze ich in erster Linie für den Aufbau einzelner Muskelgruppen, während mein Fußballtraining und mein privates Ausdauertraining (Joggen) eher auf eine gut entwickelte Grundlagenausdauer abzielen. Das Buch „DER LOGI MUSKELCOACH" besitze ich selber. Darin habe ich zum ersten Mal über die Bedeutung des glykämischen Index im Zusammenhang mit Ernährungsstrategien für Sportler gelesen[1]. Dabei handelt es sich nicht um eine Diät, sondern um eine Neuorientierung der alltäglichen Ernährung, in der es darum geht, ernährungsbedingt den Blutzuckerspiegel konstant niedrig zu halten. Diese Ernährungsstrategien orientieren sich an Erkenntnissen aus der Diabetes Forschung.

Diabetes ist auch ein Thema in unserer Familie, da mein gleichaltriger Cousin vor 6 Jahren daran erkrankte (Diabetes mellitus Typ 1). Insofern kenne ich aus zahlreichen Gesprächen die Bedeutung von Ernährung und Sport für den Blutzuckerspiegel bzw. für das möglichst konstante Halten eines Blutzuckerspiegels – also Spitzen (Höhen und Tiefen) zu vermeiden. Von meinem Cousin habe ich für meinen Selbstversuch auch ein (unbenutztes) Blutzuckermessgerät erhalten. Unsere Hausapotheke war so nett und hat mich in meiner Untersuchung dahingehend unterstützt, dass sie mir die Teststreifen (Sensoren) kostenlos zur Verfügung gestellt hat.

Ganz allgemein kann man sagen, dass die Nahrungsaufnahme den Blutzuckerspiegel anhebt, während eine sportliche Aktivität Energie benötigt und insofern den Blutzuckerspiegel senkt. Mein Interesse an der leitenden Fragestellung der Facharbeit ist über eine Recherche sowie einen Selbstversuch herauszufinden, wie sich der Blutzuckerspiegel eines Ausdauersportlers durch Ernährungsstrategien steuern lässt, um die sportliche Leistung zu optimieren.

---

[1] Dr. ALBERS, Th. / Dr. WORMS, N. / SEGLER, K.: (2013-2014); DER LOGI MUSKELCOACH. >Leistungsförderung >Ernährungsstrategien, 2. Auflage. Lünen: systemed Verlag. 171 S.

I.   <u>Theoretischer Teil</u>

Das Thema bzw. die leitende Fragestellung der Facharbeit ist dem großen Themenkomplex aus der Biologie, dem „Energiestoffwechsel" zuzuordnen. Genauer gesagt, handelt es sich um die angewandte Biologie „Sport und Stoffwechsel". [2]

I.1. Stoffwechsel – anaboler und kataboler Stoffwechsel

„Fundamentales Kennzeichen eines lebenden Organismus ist der ununterbrochene Stoffwechsel"[3]. Darunter fasst man alle chemischen Reaktionen zusammen, die im Körper ablaufen[4]. Unterschieden wird zwischen dem *anabolen* und dem *katabolen* Stoffwechsel.

I.1.1. anaboler und kataboler Stoffwechsel

Während der anabole Stoffwechsel die Vorgänge beschreibt, die mit dem Bau und der Reparatur von Zellen beschäftigt sind(Aufbaustoffwechsel, zum Beispiel für den Aufbau von Muskelmasse), meint der katabole Stoffwechsel die biochemischen Vorgänge, bei denen Stoffe von komplexen Moleküle in einfache verwandelt werden, wie dies zum Beispiel bei der Energiegewinnung geschieht (Abbaustoffwechsel)[5].

I.1.2. Blutzuckerregulation

Für den Energiestoffwechsel benötigen alle Zellen des Körpers Glukose. Damit der Energiestoffwechsel möglichst schnell ablaufen kann, enthält das Blut immer eine bestimmte Menge an Glukose. Das Erreichen dieses Wertes ist immer das Ziel der Blutzuckerregulation. Damit die verschiedenen Stoffwechselvorgänge im Körper bestmöglich ablaufen können, ist eine Blutzuckerkonzentration von nüchtern 70-100 mg/dl Blut erforderlich. Unterhalb von 70 mg Glukose / dl Blut liegt eine Unterzuckerung (Hypoglykämie) vor, oberhalb von 140 mg/dl eine Überzuckerung (Hyperglykämie). Damit liegt der Normalwert des Blutzuckerspiegels innerhalb einer geringen Schwankungsbreite. Durch eine glukosereiche Nahrungsaufnahme wird der Blutzuckerspiegel erhöht. Dieser Anstieg wird durch Messfühler des Pankreas wahrgenommen und führt zu einer Ausschüttung des Hormons Insulin durch die B-Zellen der Bauchspeicheldrüse. Mit Hilfe des Insulins kann nun die Glukose zur Energiegewinnung in die Zellen aufgenommen werden.[6]

I.1.3. Allgemeines zum Energiestoffwechsel des Muskels

Sportliche Betätigung ist körperliche Arbeit, also Muskelarbeit. Dazu bedarf es eines Treibstoffes, der muskulären Energiebereitstellung. Damit der Körper genügend Energie für sportliche Leistungen bereitstellt, laufen im Stoffwechsel komplizierte Vorgänge ab. Dabei sind die Lebensmittel in der menschlichen Ernährung der Energielieferant für alle Tätigkeiten und Vorgänge im Körper. Besonders Sportler, die

---

[2]Vgl. AHLSWEDE, h. et al. (2015): Biologie, Oberstufe, 3. Auflage, Berlin: Cornelsen Schulverlage GmbH, S. 86-108.

[3] Vgl. VOGEL, G., ANGERMANN, H. (1990):dtv-Atlas zur Biologie – Tafeln und Texte, Band 2, 5. Auflage. München: Deutscher Taschenbuch Verlag, S. 301.

[4] Vgl. AHLSWEDE, H. et al. (2015), S. 87.

[5] Vgl. ebd.

[6] Vgl. LLEHBRINK, A. (2010): Gesundheitswissenschaften - für die berufliche Oberstufe. Hamburg: Verlag Dr. Felix Büchner - Handwerk und Technik GmbH, S. 278.

einen erhöhten Leistungsumsatz haben, müssen daher auf ihre Ernährung achten, da ihre körperliche Leistung vom Angebot an Energie abhängig ist.[7]

Die Bereitstellung von Stoffen aus der Nahrung (Hauptnährstoffe: Kohlenhydrate, Fette, Proteine) geschieht über die Verdauung. Sie „gilt als Inbegriff des Stoffwechsels"[8]. Die benötigte Energie steckt vor allem in den Kohlenhydraten, die von den Muskelzellen in Form von Glykogen gespeichert werden. Der Großteil der dem Körper mit der Nahrung zugeführten Kohlenhydrate wird durch Verdauungsenzyme zu Glukose aufgespalten und durch die Dünndarmschleimhaut ins Blut resorbiert. Je nach Nahrungszusammensetzung sowie Umfang und Dauer der Verdauungsleistung steigt damit der Blutzuckerspiegel rasch oder verzögert an. Damit die Körperzellen die Glukose als Energieträger für ihre Stoffwechseltätigkeit nutzen können, ist Insulin erforderlich, welches den Einstrom der Glukosemoleküle in die Zellen fördert. Darüber hinaus steigert Insulin die Verbrennung der Glukose innerhalb der Zellen zur Energiegewinnung. Wurde bei der Nahrungsaufnahme mehr Glukose aufgenommen als zur Energieleistung benötigt, wird die Glukose in Zellen der Leber und in Zellen der Muskulatur in Form von Glykogen gespeichert. Da die Glukose auf diese Weise aus dem Blut in die Zellen gelangt, senkt Insulin den Blutzuckerspiegel auf den Normalwert. Ist der Blutzuckerspiegel zum Beispiel aufgrund starker sportlicher Belastung unter seinen Normalwert gefallen, registrieren dies ebenfalls die Messfühler der Bauchspeicheldrüse. Dies führt zu einer Ausschüttung des Hormons Glukagon, welches den Blutzuckerspiegel hebt und demnach als Gegenspieler des Insulins zu bezeichnen ist. Glukagon veranlasst den Abbau von Glukose aus dem gespeicherten Glykogen in den Zellen der Leber und den Zellen der Muskulatur.[9]

I.1.4. Kohlenhydratstoffwechsel

Neben einem regelmäßigen Training spielt somit die richtige Ernährung eine entscheidende Rolle für das Abrufen der sportlichen Leistung. Der Stoffwechsel „lernt", die benötigte Energie auf effektive Weise bereitzustellen [10] „Die Muskeln ermüden weniger schnell und die Leistungsfähigkeit steigt."[11]

Kohlenhydrate erfüllen im Stoffwechsel des Menschen unterschiedliche Aufgaben. Auf zwei dieser Aufgaben gehe ich im Folgenden näher ein, da sie für das Thema der Facharbeit relevant sind:

Eine Aufgabe des Stoffwechsels ist die *Energiegewinnung*. Dabei wird in den Zellen des menschlichen Körpers Traubenzucker zu Kohlenstoffdioxid und Wasser abgebaut, dabei wird Energie in Form von ATP frei, das dem Körper zur Verfügung gestellt wird. Die Nervenzellen und die roten Blutkörperchen können nur durch den Abbau von Traubenzucker Energie gewinnen. Für diese Abbauvorgänge wird Vitamin B1 benötigt.

---

[7] Vgl. AHLSWEDE, H. et al. (2015), S. 103.
[8] vgl. ebd., S. 99.
[9] Vgl. LEHBRINK, A. (2010), S. 278f.
[10] Vgl. https://www.ugb.de/bewegung-sport/volle-energie-beim-sport (21.10.2017), Barth, A.: Volle Energie beim Sport. In: UGB-Forum 2/2004 online, S. 162.
[11] Ebd.

Eine weitere Aufgabe ist die *kurzfristige Speicherung* von Kohlenhydraten. Werden diese in überdurchschnittlichem Maße mit der Nahrung aufgenommen, so werden diese zunächst zu Glykogen umgebaut und in der Leber (150 g) und der Muskulatur (200g) gespeichert. Zwischen den Mahlzeiten kann Glykogen wieder zu Traubenzucker abgebaut und zur Energiegewinnung genutzt werden. Aus der Leber gelangt der Traubenzucker über das Blut in alle Zellen und stellt so deren Energieversorgung sicher. Muskelglykogen dient dagegen nur der Energiegewinnung in den Muskelzellen. Die Glykogenspeicher sind spätestens 18 Stunden nach der letzten Nahrungsaufnahme erschöpft.[12]

I.1.5. Adenosin-Tri-Phosphat – die Energiequelle der Muskeln

Der Treibstoff für die Muskelarbeit ist das Adenosin-Tri-Phosphat, ein energiereiches Phosphat, welches durch Abspaltung einer Phosphatgruppe die Muskelkontraktion ermöglicht. Da in der Muskelzelle nur eine sehr geringe Menge an ATP gespeichert ist, muss diese chemische Energie ständig im Muskelstoffwechsel erzeugt werden, damit sie in mechanische Energie umgewandelt werden kann.[13]

Durch die Verbrennung der oben genannten Hauptnährstoffe (insbesondere Kohlenhydrate und Fette) gewinnt der Körper Energie in Form von Adenosin-Tri-Phosphat (ATP) – dem Brennstoff für Muskelarbeit. Zur Energiegewinnung gibt das ATP einen seiner drei Phosphatreste ab; übrig bleibt das Adenosindiphosphat oder ADP. Der Vorrat an ATP in der Muskulatur ist verschwindend gering. Er reicht nur für wenige Sekunden. Danach muss ATP auf andere Weise bereitgestellt werden. Zur Verfügung stehen hierfür Kreatinphosphat, Kohlenhydrate und Fette.

Kohlenhydrate sind als Glykogen (Speicherform von Glukose = Traubenzucker) in der Muskulatur und zu einem kleinen Teil auch in der Leber (maximal 100 Gramm) gespeichert. In Abhängigkeit von Trainingszustand und Ernährung können bis zu 500 Gramm Glykogen in die Muskelzellen eingelagert werden (= 2000 kcal). Diese Energiequelle ermöglicht intensive Ausdauerbelastungen bis zu etwa eineinhalb Stunden [14]

Wann und wie die Energieträger ATP, KP, Glykogen und Fett eingesetzt werden, hängt von der Art und der Dauer der sportlichen Belastung ab, d.h. wie schnell, wie viel und wie lange im Muskel Energie bereitgestellt werden soll bzw. kann. [15]

I.1.6. Energiebereitstellung

Grundsätzlich unterscheidet man zwei Hauptmechanismen der Energiebereitstellung.

1. Die aerobe (= oxidative) Energiebereitstellung: ATP wird unter Verbrauch von Sauerstoff in den Mitochondrien gebildet. Diese Form der Energiegewinnung erfolgt

---

[12] Vgl. SCHLIEPER, C.A. (2014): Ernährung heute, 15. akt. Auflage. Hamurg: Verlag Dr. Felix Büchner – Handwerk und Technik GmbH, S. 41.

[13] Vgl. www.dr-moosburger.at/pub/pub023.pdf, S. 1 (Zugriff am 29.10.2017) DIE MUSKULÄRE ENERGIEBEREITSTELLUNG IM SPORT.

[14] Vgl. ebd.

[15] S. Anhang Abbildung 1: www.ernaehrung.de/tipps/sport/sportbegriff-muskulatur-energiegewinnung (Zugriff 27.10.2017) + Abbildung 2: Energiegewinnung in der Muskelzelle / Bedeutung des Energiestoffwechsels bei Ausdauerleistungen. www.sportunterricht.de/lksport/atp.html. Energiegewinnung – ATP (Zugriff 25.10.2017)

durch vollständige Verbrennung von Kohlenhydraten (Glukose), was man als Oxidation bezeichnet und zum anderen die Verbrennung von Fetten (Fettsäuren), was man als Betaoxidation bezeichnet.

2. Die anaerobe Energiebereitstellung: ATP wird ohne den Verbrauch von Sauerstoff gebildet. Der Vorgang findet im Zytosol (Zellplasma) statt. Diese Form der Energiebereitstellung erfolgt durch die Spaltung der gespeicherten energiereichen Phosphate ATP und Kreatinphosphat, auch die anaerob-alaktazide Energiebereitstellung genannt und durch den unvollständigen Abbau von Glukose unter Bildung von Laktat (Milchsäure), die anaerobe Glykolyse oder anaerob-laktazide Energiebereitstellung, besser bekannt unter der Milchsäuregärung. [16]

Somit stehen dem Muskelstoffwechsel unterschiedliche Mechanismen der Energiegewinnung zur Verfügung. Welcher Weg genutzt wird, bestimmen u.a. die Belastungsdauer und –intensität sowie das Sauerstoffangebot. Prinzipiell besteht immer ein „Nebeneinander" der einzelnen Mechanismen der Energiebereitstellung mit fließenden Übergängen – primär in Abhängigkeit von der Belastungsintensität. [17]

Für Ausdauersportarten kommt insbesondere der Mechanismus der aeroben Energiebereitstellung (Glukose- und Fettsäureoxidation) zum Tragen. So werden beispielsweise bei einer intensiven aeroben Anforderung wie dem 5000 m-Lauf (vgl. auch Selbstversuch 1. + 2. Woche Joggen 4-6 km) so gut wie ausschließlich Kohlenhydrate (in Form von Glykogen bzw. Glukose) verbrannt. [18]

I.1.7. Energieträger für den Muskelstoffwechsel

Die wichtigsten Energielieferanten, die durch Nahrung laufend ergänzt werden müssen, sind für die Muskelzelle:

1. Kohlenhydrate (sie decken normalerweise etwa zwei Drittel des Energiebedarfs)
2. Fette (ein Drittel)
3. Eiweiße (diese können aber vernachlässigt werden, da sie für den Baustoffwechsel, nicht aber für den Energiestoffwechsel eine wichtige Rolle spielen). [19]

Im Ruhezustand deckt der Körper seinen Energiebedarf in erster Linie durch Kohlehydrate (KH) und Fette ab. Bei einer sportlichen Betätigung verschiebt sich jedoch die Energiebereitstellung je nach Intensität der Belastung. Wie schon bereits oben erwähnt, können sehr intensive sportliche Betätigungen ausschließlich über die Verbrennung von intrazellulärem Zucker abgedeckt werden (anaerob), während mittlere Belastungen über einen längeren Zeitraum aerob abgedeckt werden. (s. I.2. Oxidation / Betaoxidation).

J. Weineck verweist jedoch gerade aus sportlicher Sicht auf den Vorteil von Kohlenhydraten gegenüber Fetten. Zwar lieferten die Fette bei der Verbrennung 9,3 kcal /g hingegen nur 4,1 bei den Kohlenhydraten, aber dieser absolute Wert sei nicht

---

[16] Vgl. www.dr-moosburger.at/pub/pub023.pdf. S. 2 (Zugriff am 29.29.10.2017)
[17] S. Anhang „Energiebereitstellung im Muskel" sowie „Energiebereitstellung – ATP Produktion. „Energiegewinnung – ATP. www.sportunterricht.de/lksport/atp.html (Zugriff am 25.10.2017)
[18] Vgl. www.dr-moosburger.at/pub/pub023.pdf S. 5 (Zugriff am 29.10.2017)
[19] Vgl. WEINECK, J. (2010): Optimales Training, 16. Durchgesehene Auflage. Balingen: Spitta Verlag, S. 151.

entscheidend, sondern der pro Liter Sauerstoff erreichte Brennwert. Diesen beziffert J. Weineck wie folgt:

Pro g:

Glukose: 5,1 kcal bzw. 21,35 kJ =^ 6,34 ATP

Fett: 4,5 kcal bzw. 18,84 kJ =^ 5,70 ASP

(Eiweiß) 4,7 kcal bzw. 19,68 kJ =^5,94 ATP.

Bei gleichem Sauerstoffangebot ermögliche Glukose einen prozentualen Energiemehrgewinn von 13% gegenüber der Fettverbrennung.[20]

Gerade ein großer Glykogenspeicher ist also für die Leistungsfähigkeit von Ausdauersportlern entscheidend.

Die in Form von Glykogen in den Muskelzellen gespeicherten Kohlenhydrate können jedoch nur in der jeweiligen (Muskel)Zelle genutzt werden. Sind beispielsweise die Glykogenvorräte der Beinmuskulatur aufgrund von Sprints erschöpft, können keine anderen Muskelgruppen die benötigte Energie zur Verfügung stellen. Dies kann nur über das in der Leber gespeicherte Glykogen geschehen. Dieses gibt Glukose ins Blut ab und kann somit auch die Muskelzellen versorgen.

I.2. Ernährung und sportliche Leistung

Im Folgenden werde ich näher auf die Bedeutung der Ernährung für die sportliche Leistungsfähigkeit eingehen. Natürlich ist die Ernährung nur eine Komponente für die sportliche Leistung (neben Technik, Kondition, Motivation, Konzentration, Koordination und Talent) eines Spielersportlers wie ich es bin. Jedoch kann diese Komponente nicht durch die anderen, „besser ausgebildeten Komponenten ersetzt werden, wie es bei anderen der Fall ist. Auf der Ernährung basieren die meisten der genannten Faktoren, da diese auf Energie- und Baustoffwechselvorgänge zurückgreifen". [21]

I.2.1. Optimale Ernährung des Sportlers als Basis für ausgeglichene Energiebilanzen

Nach J. Weineck ist der Zweck der Ernährung, „den durch Grundumsatz und Leistungsumsatz bedingten Energie- und Vitalstoffverbrauch durch eine entsprechende Zufuhr wieder auszugleichen. /.../ Durch die Ernährung werden fünf Energiebilanzen im Gleichgewicht gehalten: die Kalorienbilanz, die Nährstoffbilanz, die Mineralstoffbilanz, die Vitaminbilanz, die Flüssigkeitsbilanz [22]. Auf die ersten beiden Bilanzen gehe ich näher ein, da sie primär von Bedeutung bei meinem Selbstversuch sind.

Die *Kalorienbilanz* umfasst den Energieverbrauch, der durch die Verdauung der Nahrung entsteht sowie dessen Wiederherstellung über die Nahrungsaufnahme. Das

---

[20] Vgl. WEINECK, J. (2010), S. 152.
[21] Heyer, A.: Ernährung und sportliche Leistung. (2013), In: LSN-Wissensecke 2013. Docplayer.org/11565676-Ernährung-und-sportliche-leistung.html. S.. 1 (PDF Dokument) (Zugriff 29.10.2017)
[22] Vgl. WEINECK, J. (2010), S. 979.

bedeutet, dass die durch die Verdauungsarbeit entstehenden Verluste bei der Kalorienzufuhr berücksichtigt werden müssen, um „den Realwert der zugeführten Nahrungsmittel richtig einzustufen" [23]

Die *Nährstoffbilanz* meint das richtige Verhältnis der über die Nahrung aufgenommenen Nährstoffe. Während ein Kraftsportler gerade für den Aufbau von Muskelmasse Proteine benötigt, sind für einen Ausdauersportler Kohlehydrate als Energielieferanten von Bedeutung. Auf diese werde ich im folgenden Kapitel näher eingehen.

I.2.2. Bedeutung einer kohlehydratreichen Ernährung für die Leistungsfähigkeit des Ausdauer- und Spielsportlers

Aus den vorherigen Ausführungen folgt, dass die sportliche Leistungsfähigkeit von der Menge und der Qualität der Ernährung des Sportlers abhängig ist. In der Fachliteratur werden die Anteile der Energieträger in der Nahrung wie folgt beziffert: Kohlenhydrate (ca. 55 %), Fett (maximal 30 %) und Eiweiß (15 %). J. Weineck beziffert die Nährstoffverteilung einer normalen Mischkost mit 60 % Kohlenhydrate – 25 % Fett – 15 % Eiweiß.[24] Darüber hinaus führt er an, dass sich dieses Verhältnis bei einem Ausdauersportler sogar mehr in Richtung Kohlenhydrate verschieben sollte [25], da die Ausdauer- und Spielsportarten aufgrund ihrer charakteristischen Belastungsstruktur stark glykogenentleerende Aktivitäten wie Sprints und / oder Tempo- und Richtungswechsel forderten.

Kohlenhydrate werden aufgrund ihrer Blutzuckerwirkung in verschiedene Gruppen unterteilt: Einfachzucker (Monosaccharide), die direkt vom Blut aufgenommen werden; Zweifachzucker (Disaccharide), die, bevor sie resorbiert werden, zu Einfachzuckern abgebaut werden; Mehrfachzucker (Oligosaccharide) wie beispielsweise in Energiedrinks; Vielfachzucker (Polysaccharide), die mittels zweier Enzyme zum Zweifachzucker Maltose aufgespalten und dann in Einfachzucker gespalten werden.

Im Gegensatz zu dem Ein- und Zweifachzucker verfügen komplexe Kohlenhydrate über eine komplizierte Molekülstruktur. Dadurch dauert es länger, bis der Organismus die Kohlenhydrate in die für ihn verwertbare Glukose zerlegt hat. Demnach erfolgt die Abgabe der Glukose von Mehrfachzuckern ins Blut langsamer, aber auch gleichmäßiger. Die Folge ist, dass der Blutzuckerspiegel nur langsam ansteigt und länger konstant bleibt.

Gerade bei den Kohlenhydraten ist somit die Qualität hinsichtlich ihrer Fähigkeit als Energielieferant / zur Bedarfsdeckung zu beachten. Bezogen auf ihre Wirksamkeit auf den Blutzuckerspiegel ist in der Fachliteratur auch immer von dem Glykämischen Index die Rede. Während beispielsweise die in Bananen, Sportgetränken und Weißbrot enthaltenen Kohlenhydrate einen hohen glykämischen Index haben und somit schnell ins Blut „schießen", „fließen" die Kohlenhydrate aus Nudeln, Kartoffeln und Obst langsam ins Blut (mittlerer glykämischer Index). Kohlenhydrate aus Vollkornprodukten und rohem Gemüse „sickern langsam" ins Blut und weisen einen

---

[23] Vgl. WEINECK, J. (2010), S. 979.
[24] Vgl. ebd., S. 980.
[25] Vgl. ebd.

niedrigen glykämischen Index auf.[26] Gerade sie sollen eine konstante Leistungsfähigkeit im Ausdauersport (wie z.B. Joggen, Fußball) ermöglichen.

II.   Praktischer Teil – Selbstversuch: Blutzuckerspiegel in Abhängigkeit von der Ernährung während eines Ausdauertrainings

II.1. Hypothesen:

1. Die gemessenen Blutzuckerwerte vor und nach der Nahrungsaufnahme sowie nach dem Ausdauertraining geben Auskunft über die Resorptionszeit der unterschiedlichen (kohlenhydrathaltigen) Lebensmittel.[27]
2. Kohlenhydrate mit niedrigem glykämischen Index verhindern starke Schwankungen des Blutzuckerspiegels bei sportlicher Aktivität.
3. Das eigene Wohlbefinden während und nach einer sportlichen Aktivität gibt vermutlich Auskunft darüber, ob die körpereigenen Energiespeicher durch Nahrung ausreichend gefüllt werden konnten.

II.2. Untersuchungsablauf

Bevor ich konkret den Untersuchungsablauf darstelle, möchte ich kurz einige Angaben zu meiner Person machen. Ich bin 17 Jahre alt, Nichtraucher und seit meinem 4. Lebensjahr betreibe ich aktiv Fußball. Ungefähr seit 1 ½ Jahr übe ich regelmäßig (3 x pro Woche) ein kombiniertes Kraft- und Ausdauertraining in einem Fitness-Center aus, sodass ich meinen Trainingszustand, sowohl was die Ausdauer als auch die Kraft, allgemein als gut bezeichnen würde. Konkrete Angaben zu körperlichen Anpassungsleistungen durch mein Ausdauertraining kann ich aber leider nicht machen, dennoch gehe ich davon aus, dass ich aufgrund des langjährigen aktiven Sports über eine gesteigerte aerobe Leistungsfähigkeit im Vergleich zu Untrainierten verfüge. Da ich unter einem Belastungsasthma leide, nehme ich regelmäßig (morgens) ein Cortisonhaltiges Präparat INUVAIR ein, das sich auf den Blutzuckerspiegel steigernd auswirken kann. Bei einer Größe von 186 cm wiege ich 78 kg. Meine Ernährung ist gesundheitsbewusst, jedoch habe ich bisher keinen bestimmten Ernährungsplan verfolgt.

Dass eine gezielte Ernährung die sportliche Leistungsfähigkeit positiv beeinflussen kann, scheint nach meiner Literaturrecherche geklärt zu sein. Gerade für Ausdauersportler wird eine kohlehydratreiche Ernährung empfohlen. Diese Erkenntnisse sind in meinen Selbstversuch eingeflossen, den ich wie folgt geplant habe: Zunächst werde ich über einen Zeitraum von zwei Wochen (Herbstferien) meinen Nüchternblutzuckerwert messen, ein Frühstück einnehmen, das sich in der Zusammensetzung hinsichtlich der Kohlehydratmenge und deren glykämischen Index unterscheidet und dann nach einer halben bis dreiviertel Stunde den Blutzucker erneut messen. Im Anschluss daran werde ich ca. 4 km joggen und nach dieser sportlichen Aktivität erneut den Blutzucker messen. Die zweite Woche verläuft gleich – jedoch

---

[26] Vgl. Heyer, A.(2013), S. 1.
[27] Vgl. https://de.wikipedia.org/wiki/Resorption (Zugriff am 5.11.2017)

erweitere ich die Joggingstrecke auf 6 km bei gleichbleibendem Frühstück (Erhöhung der Belastungsdauer und -intensität bei gleichbleibender Ernährung). Während der sportlichen Aktivität verzichte ich auf Nahrungs- und Flüssigkeitszufuhr.

II.3. Untersuchungsdaten

1. Woche

Tag	Blutzucker / nüchtern (mg/dl)	Kohlenhydratgehalt / Frühstück (je 100 Gr.)[28] Glykämischer Index	Blutzucker / 30 – 45 min. nach Frühstück (mg/dl)	Sportliche Aktivität (4 km joggen)	Blutzucker nach sportlicher Aktivität (mg/dl)	Wohlbe-Finden	☺
23.10.2017	95	Kein Frühstück	----	20 min	81	Schlapp	-
24.10.2017	105	Banane + Kiwi Ca. 19,6 + 9,1 KH (komplexe KH) Hoher GI	141	20 min	92	Übelkeit	--
25.10.2017	92	Müsli + Joghurt (1,5%) Ca. 61 + 4 KH (komplexe KH) Mittlerer GI	126	20 min	98	Ok	0
27.10.2017	103	2 Toast mit Hähnchenbrust Ca. 48 + 0 KH (einfache KH) Mittlerer GI	121	19 min	94	Gut	+
28.10.2017	92	2 Vollkornbrote mit Tomaten Ca. 60 + 2,6 KH (komplexe KH) Niedriger GI	135	20 min	95	Sehr gut	++

2. Woche

Tag	Blutzucker / nüchtern (mg/dl)	Kohlenhydratgehalt / Frühstück Glykämischer Index	Blutzucker / 30- 45 min. nach Frühstück (mg/dl)	Sportliche Aktivität (6 km joggen)	Blutzucker nach sportlicher Aktivität (mg/dl)	Wohlbefinden	☺
29.10.2017	89	Kein Frühstück	----	29 min	78	Übelkeit	--
30.10.2017	95	Banane + Kiwi	148	32 min	86	Übelkeit; die letzten 500 Meter gegangen	--
31.10.2017	110	Müsli + Joghurt	152	30 min	122	Schlapp	-
01.11.2017	92	2 Toast mit Hähnchenbrust	115	29 min	98	Ok – gut	0/ +
02.11.2017	98	2 Vollkornbrote mit Tomaten	130	29 min	96	Gut, entlastet	+

---

[28] Der jeweilige Kohlehydratgehalt sowie die Angabe zum Glykämischen Index beziehen sich auf die Quelle: https://jumk.de/glyx (Zugriff am 16.11.2017)

Die Untersuchungsdaten schlüsseln sich wie die Tabelle zeigt in folgende Variablen auf: Nüchtern-Blutzucker; KH-Gehalt und glykämischer Index der aufgenommenen Nahrung; Blutzuckerwert 30 min. nach dem Frühstück; Belastungsdauer und –intensität; Blutzuckerwert nach Ausdauertraining; Wohlbefinden.

II.4.Auswertung:

Die **Hypothese (1),** dass die jeweils gemessenen Blutzuckerwerte Auskunft über die Resorptionszeit der aufgenommenen Kohlenhydrate geben, lässt sich meiner Meinung nach insbesondere durch den Nüchtern-Blutzuckerwert sowie den Blutzuckerwert nach der sportlichen Belastung des fünften Tages beider Wochen belegen. An diesem Tag habe ich ein vollwertiges Frühstück bzw. komplexe Kohlehydrate zu mir genommen. Beide Blutzuckerwerte liegen in beiden Wochen nahe beieinander. Daraus schließe ich, dass durch das vollwertige Frühstück der Blutzuckerspiegel trotz Ausdauertraining (20 min / 29 min) konstant gehalten werden konnte. Anders ausgedrückt bedeutet dies, dass es länger dauert, bis der Organismus die Kohlenhydrate in verwertbare Glukose zerlegen konnte. Auch die Messergebnisse des dritten Tages der 1. Woche meines Selbstversuches (Müsli + Joghurt) bestätigen meine Hypothese. Neben den komplexen Kohlenhydraten spielt auch der Anteil an Ballaststoffen in diesen Lebensmitteln eine Rolle. Der gesamte Nahrungsbrei (Ballaststoffe und komplexe Kohlenhydrate) wird sehr viel langsamer verdaut und die Verweildauer im Darm ist länger. Dies hat zur Folge, dass der Nahrungsbrei noch effektiver ausgewertet werden kann. Dadurch wird die Glukose optimal ausgenutzt und noch langsamer ins Blut abgegeben. Müsliflocken, wenn sie ungezuckerte Vollkornflocken sind und Vollkornbrot haben deshalb die gute Auswertung. Ich vermute jedoch anhand meiner Untersuchungsdaten, dass der Ballaststoffanteil im Vollkornbrot noch höher ist als im Müsli.

Auch die Messergebnisse des vierten Tages der zweiten Woche zeigen einen konstanten Blutzuckerspiegel und das, obwohl es sich bei dem Frühstück (Toast mit Hähnchenbrust) um einfache Kohlenhydrate handelt. Dieses Ergebnis würde damit die These widerlegen, da Toast (Weißmehl) nicht zu den komplexen Kohlenhydraten zählt und somit schneller vom Körper verdaut werden kann bzw. eine kürzere Resorptionszeit hat.

Die **Hypothese (2),** dass Kohlenhydrate mit niedrigem glykämischen Index starke Schwankungen des Blutzuckerspiegels verhindern, lässt sich ebenfalls mit den Messergebnissen des fünften Tages beider Wochen belegen. Das an diesem Tag aufgenommene Frühstück ist das einzige, das einen niedrigen glykämischen Index hat. Sowohl die Differenz zwischen dem Nüchtern-Blutzuckerwert und dem nach dem Ausdauertraining als auch der Blutzuckerwert 30 Minuten nach dem Frühstück weisen keine starken Schwankungen auf. Berechnet man die Differenz zwischen den jeweils gemessenen Blutzuckerwerten so ergibt sich folgendes Bild:

Differenz nüchtern / Frühstück (1. Woche)/	Differenz Frühstück / Ausdauertraining (1. Woche)	Differenz nüchtern / Frühstück (2. Woche)	Differenz Frühstück / Ausdauertraining (2. Woche)
36	49	53	62
34	28	42	30
18	27	23	17
43	40	32	34

Auch hier fällt auf, dass die gemessene Differenz am fünften Tag am geringsten ist und insofern die Hypothese bestätigt, dass Kohlenhydrate mit niedrigem glykämischen Index starke Schwankungen des Blutzuckerspiegels verhindern.. Kritisch muss ich jedoch anmerken, dass auch andere Differenzen meines Erachtens nicht als stark zu bezeichnen sind (vgl. 2. Tag 1. Woche bzw. 3. Tag 2. Woche).

Die **Hypothese (3)**, die besagt, dass das eigene Wohlbefinden während und nach einer Ausdauerleistung Auskunft darüber gibt, ob die Energiespeicher ausreichend durch Nahrung gefüllt werden konnten, wird meiner Meinung nach eindrucksvoll durch die beiden ersten Versuchstage beider Wochen belegt. Am ersten Tag habe ich komplett auf ein Frühstück verzichtet. Vergleicht man nun die beiden Blutzuckerwerte (Nüchtern-Blutzuckerwert und Blutzuckerwert nach dem Joggen), so fällt sofort auf, dass der gemessene Wert nach der sportlichen Aktivität unter den Nüchtern-Blutzuckerwert gesunken ist. Hier wird deutlich, dass Sport den Blutzuckerspiegel senkt. Mein schlechtes Wohlbefinden deute ich insofern so, dass meine Energiespeicher aufgrund mangelnder / fehlender Versorgung durch Nahrung nicht ausreichend gefüllt waren.

Die Messergebnisse des zweiten Tages beider Wochen (Frühstück: Banane + Kiwi) belegen ebenfalls die These. Die Anteile an Einfachzuckern sind in Banane und Kiwi insbesondere hoch, wenn sie sehr süß sind. An diesen Tagen liegt der Blutzuckerwert nach dem Joggen ebenfalls unter dem des Nüchtern-Blutzuckers, was bedeutet, dass die Energiespeicher durch die sportliche Aktivität geleert wurden. In beiden Wochen habe ich mich extrem schlecht nach dem Joggen gefühlt. Gleichzeitig fällt auf, dass dieses Frühstück einen starken Anstieg des Blutzuckerspiegels aufgrund seines hohen glykämischen Index hatte. Indirekt bestätigt dieses Ergebnis damit auch die These 2, indem deutlich wird, dass Lebensmittel mit hohem glykämischen Index zu starken Schwankungen des Blutzuckerspiegels führen. In der zweiten Woche musste ich sogar das Joggen aufgrund von Übelkeit abbrechen. Meine Übelkeit deute ich als körperliche Erschöpfung bedingt durch den starken Abfall des Glukosespiegels.

In beiden Versuchswochen habe ich mich nach dem vollwertigen Frühstück nach dem Joggen am besten gefühlt. Dies spricht für eine ausgeglichene Energiebilanz durch Ernährung.

Die vorliegende Facharbeit hat durch ihre Fragestellung „Wie verhält sich der Blutzuckerspiegel in Abhängigkeit der Ernährung während eines Ausdauertrainings?" das Ziel verfolgt, aufzuzeigen, inwiefern wissenschaftliche Erkenntnisse aus den Disziplinen Biologie, Ernährungswissenschaften und Trainingslehre zur sportlichen Leistungsoptimierung genutzt werden können. Aus diesen Gründen habe ich meine Facharbeit in einen theoretischen und einen praktischen Teil gegliedert. Im Theorieteil ging es zunächst darum, die zentralen wissenschaftlichen Erkenntnisse zum Energiestoffwechsel sowie die Bedeutung der Blutzuckerregulation für das Ablaufen der unterschiedlichen Stoffwechselvorgänge darzustellen. Basierend auf diesen Erkenntnissen wurden die in der Fachliteratur formulierten Konsequenzen für die Ernährung eines Ausdauersportlers dargestellt. Hier wurde die besondere Bedeutung der Kohlenhydrate als Energielieferant für Ausdauersportler herausgestellt.

Der praktische Teil der Facharbeit beschreibt meinen Selbstversuch zur Überprüfung der leitenden Fragestellung. Durch das Messen der jeweiligen Blutzuckerwerte wollte ich am eigenen Leib das Zusammenspiel von Ernährung und Leistungsfähigkeit im Ausdauersport überprüfen. Über den Blutzuckerspiegel wollte ich nähere Auskunft darüber erhalten, inwieweit die unterschiedlichen Kohlenhydrate, die ich über ein Frühstück zu mir genommen hatte, ideale oder weniger ideale Energiequellen für mein Ausdauertraining waren. Dazu habe ich drei Hypothesen aufgestellt, deren Auswertung ich weiter vorne dargestellt habe und die die im Theorieteil dargestellten Erkenntnisse meiner Meinung nach belegen.

Abschließend möchte ich meinen Selbstversuch zum einen kritisch reflektieren, zum anderen persönliche Erkenntnisse formulieren.

Die Versuchsdauer (zwei Wochen) sowie die Anzahl der Versuchsteilnehmer (ein Proband) machen deutlich, dass dieser Versuch keine repräsentativen Ergebnisse wie eine wissenschaftliche Studie beanspruchen kann. Dies war allerdings auch nicht mein Anliegen. Vielmehr wollte ich die wissenschaftlichen Erkenntnisse für meine eigenen sportlichen Aktivitäten nutzen. Da ich kein Hochleistungssportler bin und mich insofern auch nicht an strikten Ernährungsplänen in der Vorbereitungs- und Wettkampfzeit orientiere, ging es mir darum, möglichst alltagstaugliche Ernährungsstrategien für mich bzw. für meine Ausdauerleistungsfähigkeit zu überprüfen. Daher habe ich mich entschieden, ein gleichbleibendes Ausdauertraining (4 km / 6 km) bei gleicher Nahrung durchzuführen. Alternative Versuchsaufbauten wie beispielsweise das Messen des Blutzuckerwertes vor, während und nach einem Fußballtraining habe ich aus unterschiedlichen Gründen verworfen. Zum einen fand in dem Versuchszeitraum kein Fußballtraining meiner Mannschaft statt. Entscheidender aber war für mich, dass das Training jeweils unterschiedlich von unserem Trainer geplant wird und unterschiedliche körperliche Anforderungen (Schnellkraft, Ausdauer, Kraft, Taktik etc.) betont, die sich unterschiedlich auf den Blutzuckerspiegel auswirken. Mir ging es aber gerade darum, durch die Nahrung und die Ausdauerleistung in meinem Selbstversuch auch Konstanten zu haben, um über den Vergleich der einzelnen Daten zu persönlichen Erkenntnissen zu gelangen. Folgende Erkenntnisse nehme ich aus diesem Selbstversuch mit:

- *Vor der Belastung ist es für mich sinnvoll, komplexe Kohlenhydrate durch Nahrung aufzunehmen.* Ganz offensichtlich waren meine Kohlenhydratreserven an den Tagen entleert, an denen ich auf ein Frühstück verzichtet habe. Wahrscheinlich war der Zeitraum zwischen der letzten Nahrungsaufnahme und der sportlichen Aktivität (Joggen) zu groß. Für mich bedeutet dies, dass ich ca. 1-2 Stunden vor jedem Ausdauertraining vollwertige Kohlenhydrate (wie z.B. Vollkornbrot, Nudeln, Kartoffeln) durch Nahrung zu mir nehme. Rückblickend muss ich anmerken, dass ich an meinem ersten Tag beider Selbstversuchswochen nicht konsequent meinen Versuchsaufbau umgesetzt habe. An diesen Tagen habe ich nur zwei Blutzuckerwerte gemessen – den Nüchtern-Blutzuckerwert und den Blutzuckerwert nach dem Joggen. Auch hier hätte ich trotz des fehlenden Frühstückes noch einen weiteren Blutzuckerwert (30 min. später) messen sollen, um den direkten Wert vor der sportlichen Aktivität festzuhalten. Grundsätzlich unterliegt der Blutzuckerspiegel nämlich Schwankungen im Tagesablauf.
- *Mein Blutzuckerspiegel reagiert anscheinend auf leicht resorbierbare Kohlenhydrate (Banane, Traubenzucker) mit starken Schwankungen.* Für mich bedeutet dies, dass ich diese Kohlenhydrate nicht direkt vor dem Training oder Wettkampf zu mir nehme, sondern eher während der sportlichen Belastung (beispielsweise in der Halbzeit eines Fußballspiels), um meine Energiespeicher während der sportlichen Belastung aufzufüllen und so eine Erschöpfung zu vermeiden.
- *Mein körperliches Wohlbefinden während und nach einer Ausdauerleistung bei guter Gesundheit gibt mir eine direkte Rückmeldung, ob es mir gelungen ist, meinen Körper durch Nahrung optimal zu versorgen.* Für mich bedeutet dies, dass ich meine Körperwahrnehmung zukünftig als Gradmesser ernster nehme, um so darauf reagieren zu können (Qualität der Nahrung hinsichtlich ihrer Leistung: Energielieferant / Muskelaufbau, Verringern der Belastungsintensität). Gleichzeitig bestätigt mich dies darin, auch zukünftig auf stringente Ernährungspläne zu verzichten. Vielmehr nehme ich aus meinem theoretischen sowie praktischen Teil der Facharbeit Anregungen für meine Ernährung mit.

Literaturverzeichnis Textteil

Bücher

AHLSWEDE, H. et al. (2015): Biologie, Oberstufe, 3. Auflage. Berlin: Cornelsen Schulverlage GmbH.

Dr. ALBERS, T., Dr. WORM, N., SEGLER, K. (2013-2014): DER LOGI MUSKELCOACH >Leistungsförderung >Ernährungsstrategien, 2. Auflage. Lünen: systemed Verlag.

LEHBRINK, A. (2010): Gesundheitswissenschaften – für die berufliche Oberstufe. Hamburg: Verlag Dr. Felix Büchner – Handwerk und Technik GmbH.

RASCHKA, Ch., RUF, St. (2017): Sport und Ernährung – wissenschaftlich basierte Empfehlungen, Tipps und Ernährungspläne für die Praxis, 3., unveränderte Auflage. Stuttgart * New York: Georg Thieme Verlag.

SCHLIEPER, C.A. (2014): Ernährung heute, 15., aktualisierte Auflage. Hamburg: Verlag Dr. Felix Büchner – Handwerk und Technik GmbH.

VOGEL, G., ANGERMANN, H. (1990): dtv-Atlas zur Biologie – Tafeln und Texte, Band 2, 5. Auflage. München: Deutscher Taschenbuch Verlag.

WEINECK, J. (2010): Optimales Training, 16. durchgesehene Auflage. Balingen: Spitta Verlag.

Internetquellen

https://www.ugb.de/bewegung-sport/volle-energie-beim-sport (21.10.2017), Barth, A.: Volle Energie beim Sport. In: UGB-Forum 4/2004 online, S. 162-165.

https://www.dr-moosburger.at/pub/pub023.pdf (29.10.2017), Dr. Moosburger: Die muskuläre Energiebereitstellung im Sport.

http://www.ernährung.de/tipps/sport/sportbegriff-muskulatur-energiegewinnung. (27.10.2017) DEBInet Sporternährung – Grundlagen http://www.ernährung.de

http://www.sportunterricht.de/lksport/energiebereitstellungimmuskel1.gif (25.10.2017)

http://www.sportunterricht.de/lksport/energie5.html (25.10.2017) Energiebereitstellung - ATP Produktion

https://de.wikipedia.org/wiki/og. (25.11.2017) Wikipedia: Resorption, http.//de.wikipedia.org/wiki/Resorption

docplayer.org/11565676-Ernaehrung-und-sportliche-leistung-html (29.10.2017): Heyer, A.: Ernährung und sportliche Leistung. PDF docplayer.org. (2013) In: LSN-Wissensecke 2013.

<u>**Anhang**</u>

Art der Energiebereitstellung in Abhängigkeit von der Belastung

Art der Belastung	Energieträger	Art der Energiegewinnung
lange Ausdauerbelastung (mehr als 60 min)	Fette	aerob (100 %)
Langzeitausdauer (8 - 60 min)	KH	überwiegend aerob
Mittelzeitausdauer (2 - 8 min)	überwiegend Kohlenhydrate	aerob / anaerob
Kurzzeitausdauer (45 s - 120 s)	Kohlenhydrate (anaerobe Glykolyse)	vorwiegend anaerob
Schnellkraft (bis 45 s)	ATP / KP	anaerob (100 %)

http://www.ernaehrung.de/tipps/sport/sportbegriff-muskulatur-energiegewinnung.php#energie

Energiebereitstellung im Muskel

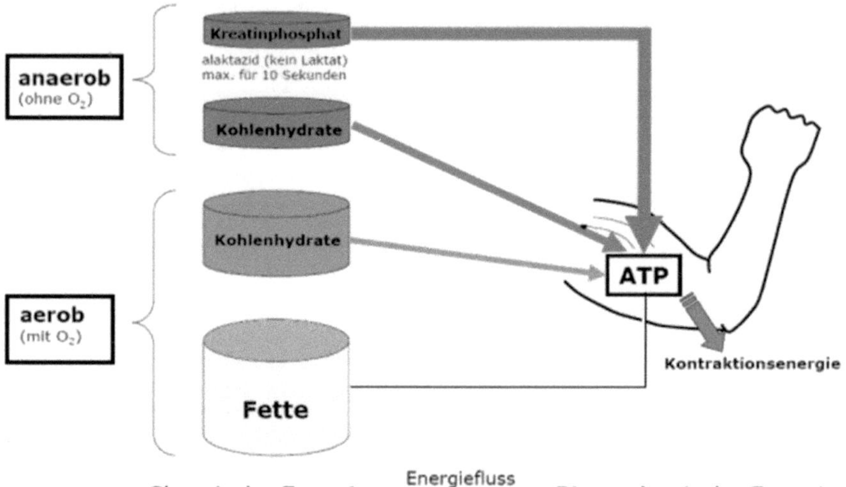

http://www.sportunterricht.de/lksport/energiebereitstellungimmuskel1.gif

Energiebereitstellung – ATP Produktion

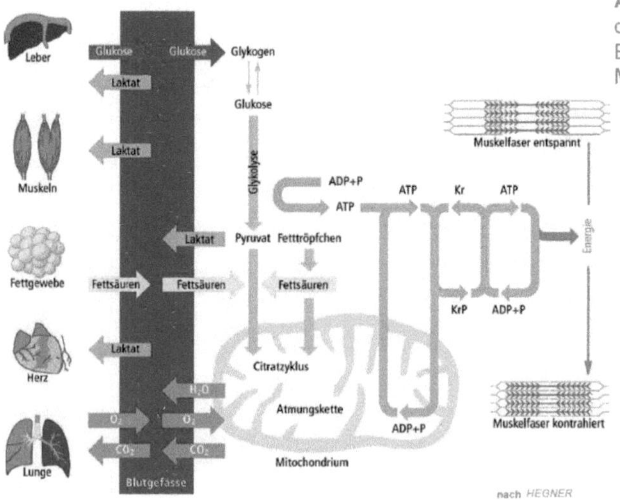

ATP ist die einzige, direkt verwertbare Energie bei der Muskelkontraktion!

Die **Mitochondrien** sind die Kraftwerke für die ATP-Produktion aus Kreatinphosphat (KrP), Glukose und Fettsäuren

Laktat wird in der Leber (mittels Sauerstoff) wieder zu Glykogen aufgebaut, ist also kein Abfallprodukt.

http://www.sportunterricht.de/lksport/energie5.html

BEI GRIN MACHT SICH IHR WISSEN BEZAHLT

- Wir veröffentlichen Ihre Hausarbeit,
  Bachelor- und Masterarbeit

- Ihr eigenes eBook und Buch -
  weltweit in allen wichtigen Shops

- Verdienen Sie an jedem Verkauf

Jetzt bei www.GRIN.com hochladen
und kostenlos publizieren